150 Problemas de matemáticas para 1º de Primaria
TOMO I

Proyecto Aristóteles

Copyright © 2013 Proyecto Aristóteles

Todos los derechos reservados.

Quedan prohibidos, dentro de los límites establecidos en la ley y bajo los apercibimientos legalmente previstos, la preproducción total o parcial de esta obra por cualquier medio o procedimiento, ya sea electrónico o mecánico, el tratamiento informático, el alquiler o cualquier otra forma de cesión de la obra sin la autorización previa y por escrito de los titulares del copyright.

ISBN: 1495389936
ISBN-13: 978-1495389931

A David y a Álvaro.

CONTENIDOS

Para comenzar   i

1 Problemas   3

2 Epílogo   Pg 80

PARA COMENZAR

El blasón del Proyecto Aristóteles es el proverbio *usus, magíster egregius* (la práctica es el mejor maestro). El dominio de cualquier disciplina, incluidas las matemáticas, sólo puede adquirirse a través del ejercicio variado y constante. Éste es el motivo por el cual presentamos nuestra serie especial de problemas para Primero de Primaria. Los problemas constituyen un tipo de actividad que presenta sus dificultades específicas. Para superarlas no basta con dominar con soltura las reglas básicas de la aritmética sino que se precisa una capacidad de planificación estratégica de los cálculos y operaciones que llevan a la consecución del resultado.

1. En un panal hay 13 abejas y en otro panal hay 12. ¿Cuántas abejas hay en los dos panales en total?

¿Qué operación debes realizar?

....

Hay .... abejas en un panal.

Hay .... abejas en otro panal.

Hay .... abejas entre los dos panales.

2. Un jardinero tiene que cavar 19 hoyos. Si ya ha cavado 8. ¿Cuántos hoyos le quedan por cavar?

¿Qué operación debes realizar?

....

Debe cavar ………. hoyos.

Ha cavado ………. hoyos.

Le quedan ………. hoyos por cavar.

3. Belén tiene 2 perros, Isabel tiene 1 gato y Gabriel tiene 4 peces. ¿Cuántos animales tienen entre los tres?

Belén tiene ………. perros.

Isabel tiene ………. gato.

Gabriel tiene ………. peces.

Suma: ………. + ………. + ………. = ……….

Tienen ………. animales entre los tres.

4. En una tienda de ropa hay 21 abrigos sin capucha y 8 abrigos con capucha. ¿Cuántos abrigos hay en la tienda en total?

¿Qué operación debes realizar?

....

Hay .... abrigos con capucha.

Hay .... abrigos sin capucha.

Hay .... abrigos en la tienda.

5. En un vagón de metro viajan 14 personas y en otro vagón viajan 12. ¿Cuántas personas en total viajan en los dos vagones?

¿Qué operación debes realizar?

....

Hay .... personas en un vagón.

Hay .... personas en otro vagón.

Hay .... personas en los dos vagones.

6. En una tienda hay 13 trajes de señora y 13 de caballero. ¿Cuántos trajes hay en la tienda en total?

¿Qué operación debes realizar?

....

Hay .... trajes de señora.

Hay .... trajes de caballero.

Hay .... trajes en la tienda en total.

7. En un almacén caben 18 banquetas. Si hemos guardado 6, ¿cuántas banquetas más caben en el almacén?

¿Qué operación debes realizar?

....

Caben .... banquetas.

Hay .... banquetas.

Caben .... banquetas más.

8. En una cocina hay 16 vasos y 13 tazas. ¿Cuántos vasos y tazas hay en total en esa cocina?

¿Qué operación debes realizar?

....

Hay .... vasos.

Hay .... tazas.

Hay .... vasos y tazas en total.

9. Un obrero tiene que colocar 16 bancos en un parque. Si ya ha colocado 4, ¿cuántos bancos le quedan por colocar?

¿Qué operación debes realizar?

....

Debe colocar .... bancos.

Ha colocado .... bancos.

Debe colocar .... bancos más.

10. En un cine se han vendido 12 entradas por la mañana y 15 entradas por la tarde. ¿Cuántas entradas se han vendido en total?

¿Qué operación debes realizar?

....

Venden .... entradas por la mañana.

Venden .... entradas por la tarde.

Han vendido .... entradas en total.

11. Tenemos que recorrer en metro 18 estaciones. Si ya hemos recorrido 2, ¿cuántas estaciones nos faltan por recorrer?

¿Qué operación debes realizar?

....

Debemos recorrer .... estaciones.

Hemos recorrido .... estaciones.

Nos faltan .... estaciones por recorrer.

12. Un disco tiene 16 canciones. Si ya hemos escuchado 3 canciones, ¿cuántas canciones nos faltan por escuchar?

¿Qué operación debes realizar?

....

Hay .... canciones.

Hemos escuchado .... canciones.

Nos quedan .... canciones por escuchar.

13. En una zapatería hay 12 zapatos de tacón y 13 zapatos que no tienen tacón. ¿Cuántos zapatos hay en la zapatería en total?

¿Qué operación debes realizar?

....

Hay .... zapatos de tacón.

Hay .... zapatos sin tacón.

Hay .... zapatos en total en la zapatería.

14. En un estanco vendieron ayer 14 sellos y hoy se han vendido otros 14. ¿Cuántos sellos se han vendido en total?

¿Qué operación debes realizar?

………………………………………………

Ayer se vendieron ………. sellos.

Hoy se han vendido ………. sellos.

Se han vendido ………. sellos en total.

15. En una tienda de electrónica se han vendido 12 teléfonos y 15 ordenadores. ¿Cuántos artículos se han vendido en la tienda?

¿Qué operación debes realizar?

………………………………………………

Se vendieron ………. teléfonos.

Se vendieron ………. ordenadores.

Se han vendido ………. artículos en total.

16. En una mesa de un restaurante han pedido 16 platos. Si se han servido 2, ¿cuántos platos faltan por servir?

¿Qué operación debes realizar?

....

Deben servirse .... platos.

Se han servido .... platos.

Faltan .... platos por servir.

17. En una droguería hay 13 frascos de colonia y 16 frascos de perfume ¿Cuántos frascos en total hay en la droguería?

¿Qué operación debes realizar?

....

Hay .... frascos de colonia.

Hay .... frascos de perfume.

Hay .... frascos en total en la droguería.

18. En un bar se han vendido 13 refrescos y 24 bocadillos. ¿Cuántos refrescos y bocadillos se han vendido en total?

¿Qué operación debes realizar?

....

Se vendieron ……….. refrescos.

Se vendieron ……….. bocadillos.

Se han vendido ……….. refrescos y bocadillos.

19. Un escritor escribe 28 líneas cada día. Si ha escrito 5, ¿cuántas le quedan por escribir hoy?

¿Qué operación debes realizar?

....

Escribe ……….. líneas.

Ha escrito ……….. líneas.

Le quedan por escribir ……….. líneas.

20. En un centro comercial hay 21 tiendas de ropa y 16 tiendas de muebles. ¿Cuántas tiendas de ropa y de muebles hay en el centro comercial?

¿Qué operación debes realizar?

....

Hay .... tiendas de ropa.

Hay .... tiendas de muebles.

Hay .... tiendas de muebles.

21. En una carrera participan 26 corredores. Si sólo han llegado a la meta 13, ¿cuántos corredores faltan por llegar?

¿Qué operación debes realizar?

....

Hay .... corredores.

Han llegado .... corredores.

Faltan por llegar .... corredores.

22. Un agricultor ha recogido 24 sacos de trigo esta mañana y 15 sacos esta tarde ¿Cuántos sacos de trigo ha recogido en total?

¿Qué operación debes realizar?

....

Esta mañana recoge .... sacos de trigo.

Esta tarde recoge .... sacos de trigo.

Ha recogido hoy .... sacos de trigo.

23. Un fontanero tiene que reparar 28 tuberías esta tarde. Si ya ha reparado 5, ¿cuántas tuberías le quedan por reparar?

¿Qué operación debes realizar?

....

Debe reparar .... tuberías.

Ha reparado .... tuberías.

Le quedan .... tuberías por reparar.

24. Un relojero ha vendido 16 relojes esta mañana y 21 relojes esta tarde. ¿Cuántos relojes ha vendido hoy?

¿Qué operación debes realizar?

....

Esta mañana vendió .... relojes.

Esta tarde vendió .... relojes.

Se han vendido .... relojes en total.

25. Tenemos que poner 29 tejas en un tejado. Si ya hemos colocado 7 tejas, ¿cuántas nos quedan por colocar?

¿Qué operación debes realizar?

....

Hay que colocar .... tejas.

Hemos colocado .... tejas.

Nos faltan .... tejas por colocar.

26. En una pastelería se han vendido 23 pasteles y 13 tartas. ¿Cuántos pasteles y tartas se han vendido en total?

¿Qué operación debes realizar?

....

Se vendieron .... pasteles.

Se vendieron .... tartas.

Se han vendido .... tartas y pasteles en total.

27. En un juego debemos pasar por 19 casillas para llegar a la meta. Si ya hemos pasado por 8, ¿Cuántas casillas nos faltan?

¿Qué operación debes realizar?

....

Debemos pasar por .... casillas.

Hemos pasado por .... casillas.

Nos faltan .... casillas.

28. En una quesería hay 21 quesos de cabra y 17 quesos de oveja. ¿Cuántos quesos en total hay en la quesería?

¿Qué operación debes realizar?

....

Hay .... quesos de cabra.

Hay .... quesos de oveja.

Hay .... quesos en total.

29. Un obrero tiene que colocar 27 vallas en una calle. Si ya ha colocado 2, ¿cuántas vallas le quedan por colocar?

¿Qué operación debes realizar?

....

Debe colocar .... vallas.

Ha colocado .... vallas.

Le quedan por colocar .... vallas.

30. En un lago hay 13 barcas y 26 piraguas. ¿Cuántas barcas y piraguas hay en total en el lago?

¿Qué operación debes realizar?

....

Hay .... barcas.

Hay .... piraguas.

Hay .... barcas y piraguas en el lago.

31. Tenemos que llenar 25 copas de vino. Si hemos llenado 4, ¿cuántas copas nos faltan por llenar?

¿Qué operación debes realizar?

....

Tenemos que llenar .... copas.

Hemos llenado .... copas.

Faltan .... copas por llenar.

32. En una oficina trabajan 15 hombres y 22 mujeres. ¿Cuántas personas en total trabajan en la oficina?

¿Qué operación debes realizar?

....

Trabajan .... hombres.

Trabajan .... mujeres.

Trabajan .... personas en total.

33. En un autobús caben 26 personas. Si ya han entrado 13, ¿cuántas personas más caben en el autobús?

¿Qué operación debes realizar?

....

Caben .... personas.

Han entrado .... personas.

Caben .... personas más.

34. En un quiosco hay 21 revistas y 14 periódicos. ¿Cuántas revistas y periódicos hay en el quiosco?

¿Qué operación debes realizar?

....

Hay .... revistas.

Hay .... periódicos.

Hay .... revistas y periódicos.

35. En un establo caben 29 caballos y un ganadero mete en él 12 caballos. ¿Cuántos caballos más caben en el establo?

¿Qué operación debes realizar?

....

Caben .... caballos.

El ganadero mete .... caballos.

Caben .... caballos más.

36. En un hormiguero hay 21 hormigas y en otro hormiguero hay 26. ¿Cuántas hormigas hay en los dos hormigueros en total?

¿Qué operación debes realizar?

....

Hay .... hormigas en un hormiguero.

Hay .... hormigas en otro hormiguero.

Hay .... hormigas en total.

37. En un rascacielos hay que construir 26 plantas. Si se han construido 12, ¿cuántas plantas faltan por construir?

¿Qué operación debes realizar?

....

Deben construirse .... plantas.

Se han construido .... plantas.

Faltan .... plantas por construir.

38. En un restaurante hay 33 copas de vino y 6 copas de champán. ¿Cuántas copas en total hay en el restaurante?

¿Qué operación debes realizar?

....

Hay ………. copas de vino.

Hay ………. copas de champán.

Hay ………. copas en total.

39. En el almacén de una sastrería caben 28 rollos de tela. Si hemos guardado 16 rollos, ¿cuántos rollos de tela caben en el almacén?

¿Qué operación debes realizar?

....

Caben ………. rollos de tela.

Guardamos ………. rollos de tela.

Caben ………. rollos de tela más.

40. En un jardín hay plantados 23 rosales y 25 arbustos. ¿Cuántas plantas en total hay en el jardín?

¿Qué operación debes realizar?

....

Hay .... rosales.

Hay .... arbustos.

Hay .... plantas en el jardín.

41. Para bajar a una cueva tenemos que bajar 27 escalones. Si ya hemos bajado 13, ¿cuántos escalones nos quedan por bajar?

¿Qué operación debes realizar?

....

Tenemos que bajar .... escalones.

Hemos bajado .... escalones.

Nos quedan .... escalones por bajar.

42. En una joyería hay 23 anillos de diamantes y 24 anillos de zafiros. ¿Cuántos anillos en total hay en la joyería?

¿Qué operación debes realizar?

....

Hay .... anillos de diamante.

Hay .... anillos de zafiro.

Hay .... anillos en la joyería.

43. En las gradas de un estadio caben 26 personas. Si se han sentado ya 13, ¿cuántas personas más caben en el estadio?

¿Qué operación debes realizar?

....

Caben .... personas.

Se han sentado .... personas.

Caben .... personas más.

44. Un carpintero ha construido 15 mesas y 31 puertas. ¿Cuántos muebles en total ha construido el carpintero?

¿Qué operación debes realizar?

....

Ha construido .... mesas.

Ha construido .... puertas.

Ha construido .... muebles en total.

45. Un pastelero tiene que completar un encargo de 25 tartas. Si ya ha elaborado 12, ¿cuántas tartas le quedan por elaborar?

¿Qué operación debes realizar?

....

Debe elaborar .... tartas.

Ha elaborado .... tartas.

Le faltan .... tartas por elaborar.

46. Por un puente cruzaron 24 personas por la mañana y 24 por la tarde. ¿Cuántas personas han cruzado por el puente?

¿Qué operación debes realizar?

....

Se vendieron .... teléfonos.

Se vendieron .... ordenadores.

Se han vendido .... artículos en total.

47. En un álbum de fotos caben 29 fotos. Si ya hemos colocado en él 17 fotos, ¿cuántas fotos más caben en el álbum?

¿Qué operación debes realizar?

....

Caben .... fotos.

Hemos colocado .... fotos.

Caben .... fotos más.

48. En una nevera hay 26 yogures de fresa y 21 yogures de plátano. ¿Cuántos yogures en total hay en la nevera?

¿Qué operación debes realizar?

....

Hay .... yogures de fresa.

Hay .... yogures de plátano.

Hay .... yogures en total en la nevera.

49. En una calle hay que colocar 28 farolas. Si ya hemos colocado 15, ¿cuántas farolas quedan por colocar?

¿Qué operación debes realizar?

....

Deben colocarse .... farolas.

Se vendieron .... farolas.

Quedan por colocar .... farolas más.

50. Tengo que estudiar 24 páginas. Si ya he estudiado 13 páginas, ¿cuántas páginas me quedan por estudiar?

¿Qué operación debes realizar?

....

Debo estudiar .... páginas.

He estudiado .... páginas.

Me quedan .... páginas por estudiar.

51. En un túnel hay 11 bombillas que funcionan y 28 bombillas fundidas. ¿Cuántas bombillas en total hay en el túnel?

¿Qué operación debes realizar?

....

Hay .... bombillas que funcionan.

Hay .... bombillas fundidas.

Hay .... bombillas en el túnel en total.

52. En un taller deben revisarse 38 coches. Si se han revisado 14, ¿cuántos coches quedan por revisar?

¿Qué operación debes realizar?

....

Deben revisarse .... coches.

Se han revisado .... coches.

Quedan .... coches por revisar.

53. En una urna se han depositado 34 votos y en otra urna se han depositado 21. ¿Cuántos votos se han depositado en las dos urnas?

¿Qué operación debes realizar?

....

Hay .... votos en una urna.

Hay .... votos en otra urna.

Hay .... votos en total en las dos urnas.

54. Si he esperado 24 minutos a que llegara Ana y otros 35 minutos a que llegara Hernán ¿Cuántos minutos he esperado en total?

¿Qué operación debes realizar?

....

Esperé a Ana ………. minutos.

Esperé a Hernán ………. minutos.

He esperado ………. minutos en total.

55. En una estantería había 37 latas de refresco. Si se han vendido 24, ¿cuántas latas de refresco quedan por vender en la estantería?

¿Qué operación debes realizar?

....

Hay ………. latas.

Se vendieron ………. latas.

Quedan por vender ………. latas de refresco.

56. En un restaurante se han servido 34 platos con ensalada y 12 platos con patatas. ¿Cuántos platos se han servido en total?

¿Qué operación debes realizar?

....

Se sirven .... platos con patatas.

Se sirven .... platos con ensalada.

Se han servido .... platos en total.

57. En una fábrica se fabrican 38 lavadoras cada día. Si hoy se han fabricado 22, ¿cuántas lavadoras quedan hoy por fabricar?

¿Qué operación debes realizar?

....

Se fabrican .... lavadoras cada día.

Se han fabricado .... lavadoras.

Quedan .... lavadoras por fabricar hoy.

58. En una peluquería han entrado 27 personas rubias y 31 personas morenas. ¿Cuántas personas han entrado en la peluquería?

¿Qué operación debes realizar?

....

Han entrado ………. rubios.

Han entrado ………. morenos.

Han entrado ………. personas en total.

59. En una cuerda de tender caben 39 prendas. Si hemos tendido 27, ¿cuántas prendas caben aún en la cuerda?

¿Qué operación debes realizar?

....

Caben ………. prendas tendidas.

Hay ………. prendas tendidas.

Caben aún ………. prendas.

60. En una caja hemos guardado 17 cordones de zapato y en otra 41. ¿Cuántos cordones hay en las dos cajas en total?

¿Qué operación debes realizar?

....

Hay .... cordones en una caja.

Hay .... cordones en una caja.

Hay .... cordones en las dos cajas en total.

61. En un edificio hay que colocar 36 extintores. Si hemos colocado 24, ¿cuántos extintores quedan por colocar?

¿Qué operación debes realizar?

....

Tenemos que colocar .... extintores.

Se vendieron .... ordenadores.

Se han vendido .... artículos en total.

62. En una calle hay 24 casas con chimenea y 23 casas sin ella. ¿Cuántas casas en total hay en esa calle?

¿Qué operación debes realizar?

....

Hay ……….. casas con chimenea.

Hay ……….. casas sin chimenea.

Hay ……….. casas en total.

63. En un parque hay 35 columpios pero 12 de ellos están ocupados. ¿Cuántos columpios libres quedan en el parque?

¿Qué operación debes realizar?

....

Hay ……….. columpios en el parque.

Hay ……….. columpios ocupados.

Quedan ……….. columpios libres.

64. En una calle hay 24 tiendas abiertas y 35 tiendas cerradas. ¿Cuántas tiendas en total hay en la calle?

¿Qué operación debes realizar?

....

Hay ………. tiendas abiertas.

Hay ………. tiendas cerradas.

Hay ………. tiendas en total.

65. En una floristería se han vendido 38 margaritas y 21 cactus. ¿Cuántas plantas se han vendido en la floristería?

¿Qué operación debes realizar?

....

Se vendieron ………. margaritas.

Se vendieron ………. cactus.

Se han vendido ………. plantas en total.

66. En el compartimento de un costurero caben 36 agujas. Si en él hay 14 agujas, ¿cuántas agujas más caben en el compartimento?

¿Qué operación debes realizar?

....

Caben .... agujas.

Hay .... agujas.

Caben .... agujas más.

67. En una cabaña hay 37 trozos de leña. Si hemos usado 15 trozos para la chimenea, ¿Cuántos trozos quedan en la cabaña?

¿Qué operación debes realizar?

....

Hay .... trozos de leña.

Hemos usado .... trozos de leña.

Quedan .... trozos de leña.

68. En una acera tienen que plantarse 32 palmeras. Si se han plantado 21, ¿cuántas palmeras quedan por plantar?

¿Qué operación debes realizar?

....

Deben plantarse .... palmeras.

Se han plantado .... palmeras.

Quedan .... palmeras por plantar.

69. En un terreno se han cosechado 24 lechugas y 32 tomates. ¿Cuántos tomates y lechugas se han cosechado en total?

¿Qué operación debes realizar?

....

Se cosechan .... lechugas.

Se cosechan .... tomates.

Se han cosechado .... tomates y lechugas.

70. En una tienda de frutos secos hay 35 bolsas de nueces. Si se han vendido 24, ¿cuántas bolsas de nueces quedan por vender?

¿Qué operación debes realizar?

....

Hay .... bolsas de nueces.

Se vendieron .... bolsas de nueces.

Quedan por vender .... bolsas de nueces.

71. En un desfile hay 24 personas andando y 31 personas montando a caballo. ¿Cuántas personas hay en el desfile?

¿Qué operación debes realizar?

....

Hay .... personas andando.

Hay .... personas a caballo.

Hay .... personas en el desfile.

72. En una lavadora caben 48 prendas. Si hemos metido 25, ¿cuántas prendas caben aún en la lavadora?

¿Qué operación debes realizar?

....

Caben .... prendas.

Hemos metido .... prendas.

Caben .... prendas más.

73. Un rascacielos tiene 31 plantas y otro rascacielos tiene 27. ¿Cuántas plantas tienen entre los dos rascacielos en total?

¿Qué operación debes realizar?

....

Un rascacielos tiene .... plantas.

Un rascacielos tiene .... plantas.

Tienen .... plantas entre los dos.

74. Para llegar a una torre tenemos que subir 57 escalones. Si ya hemos subido 34, ¿cuántos escalones nos quedan para llegar a la torre?

¿Qué operación debes realizar?

....

Tenemos que subir ……….. escalones.

Hemos subido ……….. escalones.

Nos quedan ……….. escalones por subir.

75. En un banco se han pagado 38 cheques esta mañana y 21 esta tarde. ¿Cuántos cheques se han pagado en el banco en total?

¿Qué operación debes realizar?

....

Se pagan ……….. cheques esta mañana.

Se pagan ……….. cheques esta tarde.

Se han pagado ……….. cheques en total.

76. En un paquete caben 48 palomitas. Si me he comido 15, ¿cuántas palomitas quedan aún en el paquete?

¿Qué operación debes realizar?

....

Hay .... palomitas en el paquete.

Me he comido .... palomitas.

Quedan .... palomitas en el paquete.

77. En un concierto había 49 personas haciendo cola. Si 24 acaban de entrar en el concierto, ¿cuántas quedan aún en la cola?

¿Qué operación debes realizar?

....

Había .... personas en la cola.

Entran .... personas al concierto.

Quedan .... personas en la cola aún.

78. Por una pista de esquí han bajado 24 personas esta mañana y 31 personas esta tarde. ¿Cuántas personas han bajado hoy?

¿Qué operación debes realizar?

....

Bajan .... personas esta mañana.

Bajan .... personas esta tarde.

Bajan .... personas hoy en total.

79. En una caja he guardado 56 terrones de azúcar. Si regalo a Laura 23 terrones, ¿cuántos quedan aún en la caja?

¿Qué operación debes realizar?

....

Hemos guardado .... terrones.

Regalo .... terrones a Laura.

Quedan .... terrones en la caja.

80. En un autocar viajaban 48 personas. Si se han bajado 25 personas, ¿cuántas personas quedan en el autocar?

¿Qué operación debes realizar?

....

Viajan .... personas.

Se bajan .... personas.

Quedan .... personas en el autocar.

81. En un peaje han pasado 24 camiones y 32 coches. ¿Cuántos vehículos han pasado en total por el peaje?

¿Qué operación debes realizar?

....

Pasan .... camiones.

Pasan .... coches.

Han pasado .... vehículos en total.

82. En una playa hay 21 personas bañándose y 36 tomando el sol. ¿Cuántas personas en total hay en la playa?

¿Qué operación debes realizar?

....

Hay .... personas bañándose.

Hay .... personas tomando el sol.

Hay .... personas en total en la playa.

83. En una tienda de deportes se han vendido 24 balones de fútbol y 32 raquetas. ¿Cuántos artículos se han vendido en la tienda?

¿Qué operación debes realizar?

....

Se vendieron .... balones de fútbol.

Se vendieron .... raquetas.

Se han vendido .... artículos en total.

84. En un museo tenemos que colgar 52 cuadros en una sala. Si hemos colgado 11, ¿cuántos cuadros quedan por colgar?

¿Qué operación debes realizar?

....

Tenemos que colocar .... cuadros.

Hemos colgado.......... cuadros.

Quedan .... cuadros por colgar.

85. En una biblioteca hay 34 diccionarios de inglés y 25 diccionarios de francés ¿Cuántos diccionarios en total hay en la biblioteca?

¿Qué operación debes realizar?

....

Hay .... diccionarios de inglés.

Hay .... diccionarios de francés.

Hay .... diccionarios en la biblioteca.

86. En un lago hay 23 carpas y 36 truchas. ¿Cuántos peces en total hay en el lago?

¿Qué operación debes realizar?

....

Hay.......... carpas.

Hay .... truchas.

Hay .... peces en el lago.

87. Un obrero tiene que instalar 46 vías del tren. Si ya ha instalado 22, ¿cuántas vías le quedan por instalar?

¿Qué operación debes realizar?

....

Tiene que instalar .... vías.

Ha instalado .... vías.

Le quedan .... vías por instalar.

88. En un edificio hay 23 pisos con aire acondicionado y 25 pisos sin aire acondicionado. ¿Cuántos pisos hay en total?

¿Qué operación debes realizar?

....

Hay .... pisos con aire acondicionado.

Hay .... pisos con aire acondicionado.

Hay .... pisos en el edificio en total.

89. En una tienda de informática hay 21 ordenadores portátiles y 36 ordenadores de sobremesa. ¿Cuántos ordenadores hay?

¿Qué operación debes realizar?

....

Hay .... ordenadores portátiles.

Hay .... ordenadores de sobremesa.

Hay .... ordenadores en total.

90. En una caja de herramientas hay 11 tuercas y 42 tornillos. ¿Cuántas tuercas y tornillos hay en total en la caja?

¿Qué operación debes realizar?

....

Hay .... tuercas.

Hay .... tornillos.

Hay .... tuercas y tornillos en total

91. Marta ha encendido 1 vela y Sara ha encendido 2. ¿Cuántas velas están encendidas?

Marta enciende .... vela.

Sara enciende .... vela.

Suma: .... + ... = ...

Hay .... velas encendidas.

92. Mamá guardó ayer 2. monedas en su monedero y hoy ha guardado 2. ¿Cuántas monedas hay en su monedero??

Mamá guardó ………. monedas ayer.

Mamá guarda ………. monedas hoy.

Suma: ………. + ………. = ……….

Mamá tiene ………. monedas en su monedero.

93. Luis tiene 1 tiza en la mano y Rebeca tiene 1 tiza también ¿Cuántas tizas tienen entre los dos?

Luis tiene ………. tiza.

Rebeca tiene ………. tiza.

Suma: ………. + ………. = ……….

Tienen ………. tizas entre los dos.

94. Concha ha traído 4 caramelos y Coral ha traído 1. ¿Cuántos caramelos han traído entre las dos?

Concha ha traído ………. caramelos.

Coral ha traído ………. caramelo.

Suma: ………. + ………. = ……….

Tienen ………. caramelos entre las dos.

95. Ayer me comí 2 fresas de postre y hoy he comido 1 cereza. ¿Cuántas frutas en total he comido?

Ayer comí ………. fresas.

Hoy he comido ………. cereza.

Suma: ………. + ………. = ……….

He comido ………. frutas en total.

96. Gonzalo ha traído 3 calcetines pero Lola sólo ha traído 1. ¿Cuántos calcetines han traído entre los dos?

Gonzalo ha traído ………. calcetines.

Lola ha traído ………. calcetín.

Suma: ………. + ………. = ……….

Han traído ………. calcetines en total.

97. Ismael ha dejado 2 libros encima de la mesa y su hermano Sergio ha dejado 3 libros. ¿Cuántos libros hay en la mesa en total?

Ismael ha dejado ………. libros.

Sergio ha dejado ………. libros.

Suma: ………. + ………. = ……….

Han dejado ………. libros en total.

98. Leire ha guardado 1 huevo en la nevera y Alfredo ha guardado 3. ¿Cuántos huevos hay en la nevera?

Leire ha guardado .... huevo.

Alfredo ha guardado .... huevo.

Suma: .... + ... = ...

Hay .... huevos en la nevera.

99. Papá me ha regalado 4 cromos y mamá 1 cromo. ¿Cuántos cromos tengo en total?

Papá me ha regalado .... cromos.

Mamá me ha regalado .... cromo.

Suma: .... + ... = ...

Tengo .... cromos en total.

100. Ayer compramos 2 botellas de agua y hoy hemos comprado 2 más. ¿Cuántas botellas de agua hemos comprado en total?

Ayer compramos .... botellas de agua.

Hoy hemos comprado .... botellas de agua.

Suma: .... + ... = ...

Hemos comprado .... botellas de agua en total.

101. Jimena tiene 3 sacapuntas y su prima Sofía tiene 1. ¿Cuántos sacapuntas tienen entre las dos?

Jimena tiene .... sacapuntas.

Sofía tiene .... sacapuntas.

Suma: .... + ... = ...

Tienen .... sacapuntas entre las dos.

102. En un parque hay 1 perro y 3 gatos. ¿Cuántos animales hay en total?

Hay ………. perro.

Hay ………. gatos.

Suma: ………. + ………. = ……….

Hay ………. animales en total.

103. En la mesa hay 3 cucharas y 2 cuchillos. ¿Cuántos cubiertos hay en la mesa en total?

Hay ………. cucharas.

Hay ………. cuchillos.

Suma: ………. + ………. = ……….

Hay ………. cubiertos en total.

104. En una jaula hay 1 canario y 1 periquito. ¿Cuántos pájaros hay en total en la jaula?

Hay .... canario en la jaula.

Hay .... periquito en la jaula.

Suma: .... + ... = ...

Hay .... pájaros en la jaula.

105. En un cajón hemos guardado 3 camisetas y 2 pantalones. ¿Cuántas prendas hemos guardado en total en el cajón?

Hay .... camisetas en el cajón.

Hay .... pantalones en el cajón.

Suma: .... + ... = ...

Hay .... prendas en total en el cajón.

106. En un plato hay 2 naranjas y 2 peras. ¿Cuántas piezas de fruta hay en total en el plato?

Hay ………. naranjas en el plato.

Hay ………. peras en el plato.

Suma: ………. + ………. = ……….

Hay ………. piezas de fruta en el plato.

107. Esta mañana dejé 1 paraguas en el paragüero y esta tarde mi padre ha dejado 4. ¿Cuántos paraguas hay ahora en el paragüero?

Esta mañana dejé ………. paraguas.

Esta tarde mi padre dejó ………. paraguas.

Suma: ………. + ………. = ……….

Hay ………. paraguas en el paragüero.

108. Verónica tiene 3 lápices y su hermana Diana tiene 4. ¿Cuántos lápices tienen entre las dos?

Verónica tiene ………. lápices

Diana tiene ………. lápices.

Suma: ………. + ………. = ……….

Tienen ………. lápices entre las dos.

109. Mamá me ha regalado 3 coches de juguete y la abuela me ha regalado 6. ¿Cuántos coches de juguete tengo en total?

Mamá me ha regalado ………. coches.

La abuela me ha regalado ………. coches

Suma: ………. + ………. = ……….

Tengo coches en total.

110. Nuria ha comido 4 gajos de una mandarina y Sandra ha comido 2. ¿Cuántos gajos han comido en total?

Nuria ha comido ………. gajos.

Sandra ha comido ………. gajos.

Suma: ………. + ………. = ……….

Han comido ………. gajos en total.

111. Esther ha comido 2 uvas y su madre ha comido 5. ¿Cuántas uvas han comido en total?

Esther ha comido ………. uvas.

Su madre ha comido ………. uvas.

Suma: ………. + ………. = ……….

Han comido ………. uvas en total.

112. Rodrigo ha vendido 4 frascos de perfume por la mañana y 3 por la tarde. ¿Cuántos frascos de perfume ha vendido en total?

Rodrigo ha vendido .... frascos por la mañana.

Rodrigo ha vendido .... frascos por la tarde.

Suma: .... + ... = ...

Rodrigo ha vendido .... frascos en total.

113. Óscar ha traído 4 revistas y Jaime ha traído 5. ¿Cuántas revistas han traído entre los dos?

Óscar ha traído .... revistas.

Jaime ha traído .... revistas.

Suma: .... + ... = ...

Han traído .... revistas en total.

114. En la calle hay 2 motos aparcadas y 3 coches. ¿Cuántos vehículos hay aparcados en total?

Hay .... motos aparcadas.

Hay .... coches aparcados.

Suma: .... + ... = ...

Hay .... vehículos aparcados en total.

115. En un establo hay 5 caballos y 1 vaca. ¿Cuántos animales hay en total en el establo?

Hay .... caballos.

Hay .... vaca.

Suma: .... + ... = ...

Hay .... animales en la granja en total.

116. En la nevera hay 4 botellas de agua y 4 botellas de leche. ¿Cuántas botellas hay en total en la nevera?

Hay ………. botellas de agua.

Hay ………. botellas de leche.

Suma: ………. + ………. = ……….

Hay ………. botellas en total.

117. En un cajón hay guardados 2 pantalones y 7 camisetas. ¿Cuántas prendas de ropa hay guardadas en el cajón?

Hay ………. pantalones.

Hay ………. camisetas.

Suma: ………. + ………. = ……….

Hay ………. prendas en total.

118. En un costurero hay 6 botones rojos y 2 de color azul. ¿Cuántos botones hay en total en el costurero?

Hay ………. botones rojos.

Hay ………. botones azules.

Suma: ………. + ………. = ……….

Hay ………. botones en total en el costurero.

119. En un armario hay 3 cajas de cereales y 5 cajas de galletas. ¿Cuántas cajas en total hay en el armario?

Hay ………. cajas de cereales.

Hay ………. cajas de galletas.

Suma: ………. + ………. = ……….

Hay ………. cajas en total en total.

120. En una carnicería el dependiente ha vendido 4 jamones esta mañana y 5 jamones esta tarde. ¿Cuántos jamones ha vendido hoy en total?

Ha vendido .... jamones por la mañana.

Ha vendido .... jamones por la tarde.

Suma: .... + ... = ...

Ha vendido .... jamones en total.

121. En un estuche hay 2 lápices y 5 rotuladores. ¿Cuántas cosas hay en total dentro del estuche?

Hay .... lápices.

Hay .... rotuladores.

Suma: .... + ... = ...

Hay .... cosas dentro del estuche.

122. Lucía tiene 3 muñecas y su hermana Paloma tiene otras 3. ¿Cuántas muñecas tienen entre las dos?

Lucía tiene ………. muñecas.

Paloma tiene ………. muñecas.

Suma: ………. + ………. = ……….

Tienen ………. muñecas entre las dos.

123. En una estantería hay 2 carpetas rojas y 6 carpetas amarillas. ¿Cuántas carpetas hay en total en la estantería?

Hay ………. carpetas rojas.

Hay ………. carpetas amarillas.

Suma: ………. + ………. = ……….

Hay ………. carpetas en total en la estantería.

124. Un conejo ha comido 1 zanahoria por la mañana y 7 por la tarde. ¿Cuántas zanahorias en total ha comido el conejo?

Ha comido ………. zanahorias por la mañana.

Ha comido ………. zanahorias por la tarde.

Suma: ………. + ………. = ……….

Ha comido ………. zanahorias en total.

125. Un panadero ha vendido 2 barras de pan por la mañana y 4 barras de pan por la tarde. ¿Cuántas barras de pan ha vendido en total?

El panadero ha vendido ………. barras por la mañana.

El panadero ha vendido ………. barras por la tarde.

Suma: ………. + ………. = ……….

El panadero ha vendido ………. barras en total.

126. En un aparcamiento hay 5 coches y 5 camiones. ¿Cuántos vehículos en total hay en el aparcamiento?

Hay .... coches.

Hay .... camiones.

Suma: .... + ... = ...

Hay .... vehículos en total.

127. Mamá tiene 4 monedas en el bolso y me ha dado 2. ¿Cuántas monedas le quedan a mamá?

Mamá tenía .... monedas.

Me ha dado .... monedas.

Resta: .... - .... = ...

A mamá le quedan .... monedas.

128. En un manzano había 5 manzanas y se han caído 3. ¿Cuántas manzanas quedan en el manzano?

Había .... manzanas.

Se caen .... manzanas.

Resta: .... - .... = ...

Quedan .... manzanas.

129. Tenía 6 gomas de borrar y le he dejado 4 a mi hermano. ¿Cuántas gomas de borrar me quedan?

Tenía .... gomas de borrar.

Le he dado a mi hermano .... gomas.

Resta: .... - .... = ...

Me quedan .... gomas.

130. Una camisa tiene 7 botones y se han descosido 3. ¿Cuántos botones quedan aún en el abrigo?

El abrigo tenía ………. botones.

Se han descosido ………. botones.

Resta: ………. - ………. = ……….

Quedan ………. botones en el abrigo.

131. En una sala del museo hay 4 cuadros y se han llevado 3 a otra sala. ¿Cuántos cuadros quedan?

Había ………. cuadros.

Se llevan ………. cuadros.

Resta: ………. - ………. = ……….

Quedan ………. cuadros.

132. En un garaje había 8 bicicletas guardadas y un ladrón ha robado 5. ¿Cuántas bicicletas quedan en el garaje?

Había .... bicicletas.

Han robado .... bicicletas.

Resta: .... - .... = ...

Quedan .... bicicletas.

133. Hemos utilizado 3 huevos para hacer una tortilla y 7 para hacer una tarta. ¿Cuántos huevos en total hemos utilizado?

Usamos .... huevos para la tortilla.

Usamos .... huevos para la tarta.

Suma: .... + ... = ...

Hemos usado .... huevos.

134. En una tienda de animales hay 9 perros y esta mañana se han vendido 5. ¿Cuántos perros quedan en la tienda

Había ………. perros.

Se venden ………. perros.

Resta: ………. - ………. = ……….

Quedan ………. perros.

135. En un equipo había 6 jugadores el año pasado y este año se han apuntado 4. ¿Cuántos jugadores hay este año en el equipo?

Había ………. jugadores.

Se han apuntado ………. jugadores.

Suma: ………. + ………. = ……….

Hay ………. jugadores.

136. Esta mañana tenía 9 monedas en el bolsillo y he perdido 7. ¿Cuántas monedas me quedan?

Tenía .... monedas.

He perdido .... monedas.

Resta: .... - .... = ...

Me quedan .... monedas.

137. En una maceta hay 5 flores y hemos cortado 4. ¿Cuántas flores quedan en la maceta?

Había .... flores.

Cortamos .... flores.

Resta: .... - .... = ...

Quedan .... flores en la maceta.

138. Lorena llevaba 8 horquillas en el pelo pero se le han perdido 3 mientras jugaba. ¿Cuántas horquillas le quedan a Lorena?

Lorena llevaba .... horquillas.

Lorena pierde .... horquillas.

Resta: .... - .... = ...

Le quedan .... horquillas.

139. Un camión tiene 8 ruedas y una de ellas pincha. ¿Cuántas ruedas quedan en buen estado?

El camión tiene .... ruedas.

Ha pinchado .... rueda.

Resta: .... - .... = ...

Quedan .... ruedas en buen estado.

140. Un dependiente ha vendido 4 botellas de vino por la mañana y 6 por la tarde. ¿Cuántas botellas de vino ha vendido en total?

Por la mañana vende .... botellas de vino.

Por la tarde vende .... botellas de vino.

Suma: .... + ... = ...

Ha vendido .... botellas en total.

141. Si en la granja de Paula hay 3 gallos y en la de Tomás hay 5. ¿Cuántos gallos hay en total en las dos granjas?

Hay .... gallos en la granja de Paula.

Hay .... gallos en la granja de Tomás.

Suma: .... + ... = ...

Hay .... gallos en total.

142. En un almacén había guardados 9 cuadernos pero se han llevado 4. ¿Cuántos cuadernos quedan en el almacén?

Había .... cuadernos.

Se llevan .... cuadernos.

Resta: .... - .... = ...

Quedan .... cuadernos en el almacén.

143. Un camarero lleva 8 platos en su bandeja pero se le caen 4. ¿Cuántos platos quedan en la bandeja?

El camarero llevaba .... platos.

Se le caen .... platos.

Resta: .... - .... = ...

Quedan .... platos en la bandeja.

144. Esta mañana tenía que enviar 5 cartas pero sólo envié 2. ¿Cuántas cartas me quedan por enviar?

Tenía ……….. cartas.

He enviado ……….. cartas.

Resta: ……….. - ……….. = ………..

Me quedan ……….. cartas por enviar.

145. En una estantería había 6 jarrones pero se han roto 2. ¿Cuántos jarrones quedan en buen estado?

Había ……….. jarrones.

Se rompen ……….. jarrones.

Resta: ……….. - ……….. = ………..

Quedan ……….. jarrones en buen estado.

146. En casa tengo 7 chocolatinas y 4 más. ¿Cuántas chocolatinas tengo ahora?

Tengo ………. chocolatinas en casa.

Compro ………. chocolatinas.

Ahora tengo ………. chocolatinas.

147. En una tienda se han vendido 3 artículos por la mañana y 4 por la tarde. ¿Cuántos artículos se han vendido hoy en total?

Se venden ………. artículos por la mañana.

Se venden ………. artículos por la tarde.

Ahora tengo ………. chocolatinas.

148. En la nevera había 9 melocotones y me he comido 5. ¿Cuántos melocotones quedan en la nevera?

Había .... melocotones.

Me como .... melocotones.

Quedan .... chocolatinas.

149. El verano pasado envié 3 postales y este verano he enviado 7. ¿Cuántas postales he enviado en total?

El verano pasado envié .... postales.

Este verano he enviado .... postales.

He enviado .... postales en total.

150. En una piscina hay 9 personas pero han salido 7 porque hacía frío. ¿Cuántas personas quedan en la piscina?

Había ………. personas en la piscina.

Salen ………. personas.

Quedan ………. personas en la piscina.

EPÍLOGO

¡Buen trabajo!

Acabas finalizar el Tomo I de la serie de Problemas para Primero de Primaria.
Si quieres continuar practicando consulta en tu librería, en Amazon o en nuestra web:

www.proyectoaristoteles.com

www.ingramcontent.com/pod-product-compliance
Lightning Source LLC
Chambersburg PA
CBHW071752170526
45167CB00003B/1004